DIE CHINESISCHE DREIKIELSCHILDKRÖTE

CHINEMYS REEVESII

Thomas Hofmann

Männchen der Chinesischen Dreikielschildkröte im Freilandterrarium
Foto: T. Hofmann

Inhalt

Bildnachweis
Titelbild: Männchen der Chinesischen Dreikielschildkröte Foto: T. Hofmann
Kleines Bild: Porträt einer Chinesischen Dreikielschildkröte Foto: T. Hofmann
Seite 1: Männchen der Chinesischen Dreikielschildkröte Foto: T. Hofmann

ISBN 978-3-86659-174-5

4., aktualisierte Auflage 2021

An der Kleimannbrücke 39/41
48157 Münster
www.ms-verlag.de

Geschäftsführung: Matthias Schmidt
Lektorat: Alexander Gutsche & Mike Zawadzki
Layout: Tanja Denker
Druck: Pario Print, Krakau

Vorwort

WASSER- und Sumpfschildkröten sind seit Jahrzehnten ein fester Bestandteil der Terraristik und erfreuen sich seither großer Beliebtheit. Waren es vor einigen Jahren noch die großen Vertreter nordamerikanischer Höcker- und Schmuckschildkröten der Gattungen *Graptemys*, *Pseudemys* und *Trachemys*, welche große Aquaterrarien mit einem hohem Wasserstand als Schwimmraum benötigen, geht heutzutage der Trend zu kleineren, ruhigeren Arten, denen kleinere Behältnisse für ihre Haltung ausreichen.

Die Chinesische Dreikielschildkröte (*Chinemys reevesii* GRAY, 1831) ist eine kleinere Sumpfschildkrötenart mit einem angenehmen Wesen und benötigt keine übermäßig großen Aquaterrarien für ihre artgerechte Haltung. Leider handelt es sich bei ihr nicht um eine angesagte „Modeschildkröte", und das Interesse an ihrer Pflege ging in den letzten Jahren stark zurück, sodass viele Halter ihre Bestände abgaben. Nur wenige Liebhaber blieben übrig, die ihre Tiere weiterhin pflegten und in kleinen Stückzahlen vermehrten.

Vor nun gut zehn Jahren erhielt ich von einem Freund ein Exemplar der Chinesischen Dreikielschildkröte, welches als „Abgabetier" zu ihm gelangte und in meinen Bestand übergehen sollte. Es handelte sich dabei um ein altes, vollkommen melanistisches (schwarz gefärbtes), männliches Tier, welches bei mir vorerst ein kleines Aquaterrarium bezog. Anfangs war geplant, diese Schildkröte nur als Einzeltier zu halten. Doch stellte sich schnell eine Sympathie für dieses „schwarze Stück Kohle" ein. Sein neugieriges und munteres Wesen ließ in mir den Wunsch reifen, diese Art dauerhaft halten und vermehren zu wollen. So dauerte es nicht lang, und es zog noch

Weibliche Chinesische Dreikielschildkröten können gemeinsam in einem Aquaterrarium gepflegt werden Foto: T. Hofmann

Männchen der Chinesischen Dreikielschildkröte Foto: T. Hofmann

eine weibliche Chinesische Dreikielschildkröte bei mir ein. Inzwischen pflege ich zwei Männchen und vier Weibchen dieser interessanten Schildkrötenart, darunter auch noch immer den „alten Mann“ und das erste Weibchen von damals. In den letzten Jahren haben mir diese Schildkröten viel Freude bereitet, und ich konnte viele Erfahrungen bei ihrer Haltung und Vermehrung sammeln.

An dieser Stelle möchte ich von meinen Erfahrungen berichten und diese dem interessierten und zukünftigen Haltern an die Hand geben.

Ich wünsche mir, dass Sie, liebe Leser, genauso viel Freude bei der Pflege Ihrer Chinesischen Dreikielschildkröten empfinden werden wie ich.

Thomas Hofmann

Die Gattung *Chinemys*

Es gibt derzeit drei Arten innerhalb der Gattung der Dreikielschildkröten (*Chinemys*): die Chinesische Rothalsschildkröte, *C. nigricans* (Gray, 1834), die Chinesische Dickkopfschildkröte, *C. megalocephala* (Fang, 1934) und die Chinesische Dreikielschildkröte, *C. reevesii* (Gray, 1831). Sie alle haben ihre Verbreitung in Südostasien und bewohnen dort verschiedenste Gewässer, sind jedoch auch in Kulturlandschaften wie Reisfeldern anzutreffen.

Die Chinesische Rothalsschildkröte besiedelt die Provinzen Guangdong und Guangxi in Süd-ost-China, soll aber nach Iverson (1992) möglicherweise auch in Nord-Vietnam und auf der Insel Hainan zu finden sein. Die Chinesische Dickkopfschildkröte bewohnt die Provinzen Jiangsu, Anhui und Shanghai im Osten Mittelchinas. Die Chinesische Dreikielschildkröte hat von allen drei *Chinemys*-Arten das größte Verbreitungsgebiet (siehe „Verbreitung").

WUSSTEN SIE SCHON?

Die systematische Einordnung der Chinesischen Dreikielschildkröte innerhalb der Reptilien lautet wie folgt:

Klasse:	Reptilia (Reptilien)
Ordnung:	Testudinata (Schildkröten)
Familie:	Geoemydidae (Altweltliche Sumpfschildkröten)
Unterfamilie:	Batagurinae (Batagur-Schildkröten-Verwandtschaft)
Gattung:	*Chinemys* (Dreikielschildkröten)
Art:	*Chinemys reevesii* (Chinesische Dreikielschildkröte)

Altes, komplett schwarz gefärbtes Männchen der Chinesischen Dreikielschildkröte auf dem Landteil des Aquaterrariums
Foto: T. Hofmann

Porträt einer Chinesischen Dreikielschildkröte Foto: T. Hofmann

Alle Vertreter der Gattung weisen eine mehr oder weniger starke Kielung des nur mäßig gewölbten Rückenpanzers auf. Ihr Kopf ist auffallend groß und mit einer Zeichnung aus Strichlinien und Punkten versehen, die sich bis auf den Hals erstrecken. Die Weichteile sind meist gräulich schwarz gefärbt. Die Panzerlängen erreichen je nach Art und Verbreitungsareal 15–20, seltener bis 25 cm. Männchen bleiben mit einer Panzerlänge von maximal 15–17 cm stets kleiner als die Weibchen.

Weibchen von *Chinemys reevesii* auf dem Landteil des Aquaterrariums
Foto: T. Hofmann

Beschreibung

JE nach Geschlecht erreicht die Chinesische Dreikielschildkröte eine Rückenpanzerlänge (Carapaxlänge) von 15 bis maximal 25 cm. Männchen sind immer deutlich kleiner als die Weibchen und überschreiten selten eine Carapaxlänge (CL) von 15 cm. Der mit drei Längskielen versehene Rückenpanzer ist mäßig gewölbt und weist eine ovale, nach hinten hin breiter werdende Form auf. Der Rückenpanzer ist je nach Herkunftsort hellbeige, hellbraun oder dunkel- bis schwarzbraun gefärbt. Zudem ist er von unterschiedlich dunklen und hellen Mustern und Linien überzogen. Der Bauchpan-

Pärchen der Chinesischen Dreikielschildkröte, gut ist die unterschiedliche Färbung (Geschlechtsdichromatismus) zu erkennen (Weibchen links, Männchen rechts). Foto: T. Hofmann

Verbreitung

DIE Chinesische Dreikielschildkröte hat in China ein großes Verbreitungsgebiet und ist dort in den Provinzen Sichuan, Shaanxi, Hubei, Henan, Anhui, Zhejiang, Jiangxi, Hong Kong

zer (Plastron) ist hellgelb bis schwarz gefärbt, kann aber entlang der Schildnähte hell abgesetzt sein. Der große, dunkel olivfarbene Kopf ist seitlich mit gelben, manchmal gelblich grünen Streifen und Punkten gezeichnet, welche bis auf den Hals hinauslaufen. Die Iris ist gelb bis grünlich gelb gefärbt und wird horizontal von einem schwarzen Streifen durchzogen. Gliedmaßen und Weichteile sind gräulich bis schwarz gefärbt. An den Vorderfüßen befinden sich fünf und an den Hinterfüßen vier bekrallte Zehen. Die Schwimmhäute zwischen den Zehen sind nur mäßig ausgebildet. Viele Männchen neigen im Alter zur kompletten Schwarzfärbung (Melanismus). Dies betrifft nicht nur die Panzerfärbung, sondern auch sämtlichen Zeichnungselemente auf Kopf und Hals sowie die Iris des Auges. Außerdem lassen sich männliche Tiere von den Weibchen anhand ihres deutlich längeren und dickeren Schwanzes unterscheiden.

WUSSTEN SIE SCHON?

In älterer und auch neuerer Literatur finden sich viele Synonyme (für ungültig erklärte Namen) der Chinesischen Dreikielschildkröte:

Emys reevesii Gray, 1831
Emys vulgaris picta Schlegel, 1840
Emys japonica Duméril & Duméril, 1851
Geoclemys reevesii Gray, 1855
Damonia reevesii Gray, 1869
Damonia unicolor Gray, 1873
Clemmys unicolor Sclater, 1873
Geoclemys reevesii Steijneger, 1907
Geoclemys grangeri Schmidt, 1927
Geoclemys paracaretta Chang, 1929
Geoclemys reevesi Shannon, 1956
Mauremys reevesii Feldham & Parham, 2004

Die Synonyme sind früher häufig dadurch entstanden, dass Tiere aus Expeditionsausbeuten an verschiedene Museen gelangten, wo die Wissenschaftler sie als neu betrachteten, beschrieben und „getauft“ haben. Aufgrund der langsamen Verbreitung wissenschaftlicher Bücher und Zeitschriften wussten die Forscher damals oft nicht, dass wenige Jahre früher dieselbe Art bereits anderswo wissenschaftlich beschrieben worden war. Mitunter kannte man auch nur ein oder zwei Exemplare der scheinbar „neuen“ Art und wusste noch nichts von ihrer Veränderlichkeit (Variabilität) hinsichtlich der Geschlechter, der Jugend- oder Altersformen. Auch aus diesem Grund entstanden viele Doppelbeschreibungen, die heute nun als Synonyme gelten müssen. In neuerer Zeit sind es die unterschiedlichen Gattungszuordnungen, die zu Synonymen führen.

und Fujian zu finden. Weiterhin ist sie in Korea, Taiwan und Japan beheimatet. Nach Iverson (1992) wurde die Art in den USA und Kanada durch den Menschen eingebürgert.

Lebensraum

CHINEMYS *reevesii* bewohnt in ihrem weiten Verbreitungsgebiet unterschiedlichste Biotope. Stehende und leicht fließende Gewässer werden ebenso besiedelt wie Flüsse, Seen und Gräben, die eine Krautschicht und Pflanzenbewuchs am Ufer aufweisen und den Schildkröten reichlich Deckungs- und Rückzugsmöglichkeiten bieten. Gewässer mit niedrigen Wasserständen werden von den Tieren gegenüber tiefen Gewässern bevorzugt. Weiterhin sind die Tiere auf Kulturflächen wie Reisfelder oder auch in Wasserstellen in Menschennähe anzutreffen. Somit kann man die Chinesische Dreikielschildkröte auch als Kulturfolger bezeichnen, da sie vom Menschen geschaffene Ersatzbiotope für sich erschließt.

Lebensweise

CHINESISCHE Dreikielschildkröten sind tagaktive Tiere, die ungern aktiv schwimmen und deshalb Gewässer mit flachen Uferzonen und ausgeprägter Krautschicht bevorzugen, wo sie sich lieber am Gewässerboden fortbewegen. Wie alle Reptilien sind sie auf die Umgebungswärme angewiesen, um ihre Vorzugstemperatur zu erreichen. Hierfür nutzen sie primär Sonnenstrahlung. Beliebte Sonnenplätze sind wassernahe Bereiche oder aus dem Wasser ragende Steine und Wurzeln, die den Tieren bei Gefahr eine schnelle Flucht in das kühle Nass ermöglichen. Schildkröten sind von Natur aus Einzelgänger, die sich soweit wie möglich aus dem Wege gehen. Nur während lebenswichtiger Aktivitäten wie dem Sonnenbaden oder während der Paarungszeit verhalten sie sich – zeitweilig – gesellig. Auf der Nahrungssuche im Gewässer gehen die Tiere aber ihrer eigenen Wege und suchen nicht die Nähe anderer Schildkröten. *Chinemys reevesii* haben ein ruhiges Wesen. Sie sind zugleich sehr sensibel und können in Stresssituationen durch intensive Störungen mit starker Zurückhaltung reagieren und suchen dann Verstecke auf, die sie dann auch für längere Zeit nicht wieder verlassen.

Biotop in der Provinz Jiangsu, Ost-China Foto: M. Auer

Biotop in der Provinz Anhui, Ost-China Foto: M. Auer

Natürliche Feinde

DER wohl größte, wenn auch nicht der natürliche Feind der Chinesischen Dreikielschildkröten ist *Homo sapiens* (= der vernunftbegabte Mensch). Kein anderes Lebewesen stellt den Schildkröten, egal welcher Altersstufen, mehr nach und vernichtet ihre Lebensräume als der Mensch! Er sammelte in der Vergangenheit Millionen dieser Tiere für den Handel und für den eigenen Verzehr. Neben den Menschen haben *C. reevesii* auch viele natürliche Feinde. Jungtiere fallen regelmäßig Wasservögeln wie zum z. B. dem Kormoran (*Phalacrocorax carbo*), dem Silberreiher (*Casmerodius albus*), aber auch Großfischen wie Hechten und Welsen sowie großen Froscharten zum Opfer. Auch Säuger wie Dachse, Füchse und der Marderhund (*Nyctereutes procyonoides*) stellen den Schildkröten nach und plündern sogar

Auf einem chinesischen Markt angebotene, besonders hell gefärbte Weibchen der Chinesischen Dreikielschildkröte Foto: M. Auer

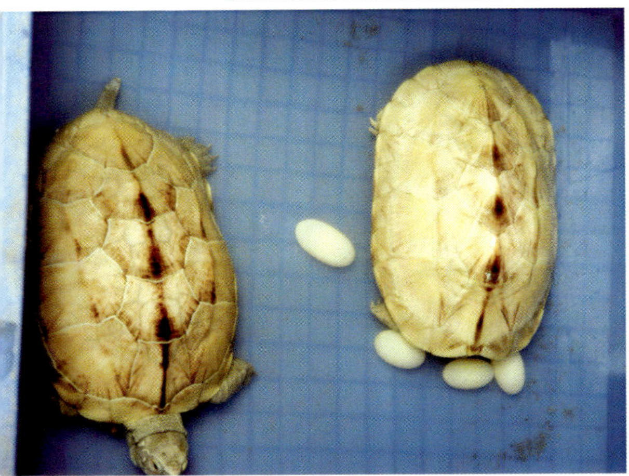

Schutzstatus – Gesetzliche Bestimmungen

EINST war die Chinesische Dreikielschildkröte in ihrem natürlichen Verbreitungsgebiet eine weit verbreitete Art. Besonders in China sind die freilebenden Bestände bedingt durch Trockenlegung von Feuchtlebensräumen und das Absammeln von Eiern und Tieren für den Lebensmittelmarkt sehr stark zurückgegangen. Zwar werden die Schildkröten in vielen Provinzen Chinas in Farmen für den Heimtier- und Lebensmittelmarkt gezüchtet, doch werden keine Nachzuchttiere aus diesen Farmen auch wieder in geeignete Biotope entlassen. Im Gegenteil: Verluste an Zuchttieren werden durch weitere Entnahmen adulter Tiere aus der Natur ausgeglichen (Zhou et al. 2008). Da die natürlichen Bestände weiterhin zurückgehen, wurde *C.*

Junge Farmnachzuchten auf einem chinesischen Markt Foto: M Auer

ihre Nester, um die Eier zu fressen. Auch dem heutzutage selten gewordenen China-Alligator (*Alligator sinensis*) dienen Chinesische Dreikielschildkröten als willkommene Leckerbissen.

reevesii im Jahr 2000 in den Anhang III des Washingtoner Artenschutzabkommens (WA) aufgenommen. Die Bundesartenschutzverordnung führt die Chinesische Dreikielschildkröte unter Anhang C. Im Anhang C sind alle Arten gelistet, die im WA unter Anhang III aufgeführt sind. Für diese Arten muss bei der Einfuhr in die Europäische Gemeinschaft (EG) ein eigens dafür vorgesehenes Ausfuhrdokument und eine Einfuhrmeldung vorgelegt werden.

Zum gegenwärtigen Zeitpunkt gibt es für Arten aus Anhang C innerhalb der EU keinerlei Vermarktungsbeschränkungen. Die Chinesische Dreikielschildkröte kann demnach ohne jeglichen Nachweis frei gehandelt werden, was die Abgabe von Nachzuchten deutlich vereinfacht.

Erwerb

ES gibt viele Möglichkeiten, Chinesische Dreikielschildkröten zu erwerben. Sie werden regelmäßig auf Reptilienbörsen (Termine in der Fachzeitschrift REPTILIA, siehe „Weitere Informationen") und im Zoofachhandel sowie über Annoncen in Fachzeitschriften (z. B. MARGINATA, siehe „Weitere Informationen") oder im Internet (z. B. www.reptilia.de oder im Mitgliederbereich der DGHT unter www.dght.de) angeboten. In aller Regel finden sich im Handel nur Jungtiere. Seltener hat man das Glück, an halbwüchsige oder sogar an ausgewachsene Tiere zu gelangen. Da Dreikielschildkröten in ihren Herkunftsländern auch in großen Farmen vermehrt werden, ist nicht immer genau nachzuvollziehen, ob es sich um echte Terrarien-Nachzuchten handelt. Die sicherste Möglichkeit ist es daher, *C. reevesii* von einem privaten Züchter zu erwerben. Im Zeitalter des Internet gibt es viele Wege, um über Angebotsseiten, Foren oder Züchterlisten Kontakte zu knüpfen.

Auf Terraristikbörsen kann man Chinesische Dreikielschildkröten erwerben
Foto: T. Hofmann

Egal wo man seine zukünftigen Pfleglinge erwirbt, stets gilt es da-

Transport und Quarantäne

IST die Entscheidung gefallen, eine oder mehrere Chinesische Dreikielschildkröten zu erwerben, werden diese für einen stressfreien Transport am besten einzeln in Dosen (z. B. Heimchendose) mit einer Lage leicht feuchtem Küchenkrepp untergebracht. Dadurch minimiert sich das Risiko gegenseitiger Verletzungen. Um die Schildkröten vor ungünstigen Witterungseinflüssen wie Hitze oder Kälte zu schützen, werden die Transportgefäße in einer thermostabilen Styroporbox untergebracht. Während der kalten Jahreszeit kann eine lauwarme Wärmflasche beigelegt werden,

auf zu achten, dass man gesunde, futterfeste Tiere kauft. Ein Blick in die Verkaufsanlage des Zoohändlers bzw. die Aufzuchtterrarien des Züchters hilft oft, einen Gesamteindruck von den Haltungsbedingungen zu erhalten. Sind die Aquaterrarien ungepflegt, riecht das Wasser muffig oder finden sich alte, schon verdorbene Futterreste im Becken und zeigen die Tiere sich passiv und dümpeln nur noch vor sich hin, so ist von einem Kauf dringend abzuraten! Sind die Tiere jedoch in sauberen, gut strukturierten Becken untergebracht, zeigen ein munteres Wesen, haben klare Augen, keine Deformationen am Panzer und keine offenen Wunden an Kopf, Hals und Gliedmaßen und gehen gierig an dargereichtes Futter, steht einem Kauf nichts im Wege.

DER PRAXISTIPP

Wildfänge oder Farmnachzuchten weisen gewöhnlich folgende Nachteile auf:

- Oftmals sind diese Schildkröten gesundheitlich angeschlagen und leiden an verschiedenen Erkrankungen. Zudem sind sie meist mit Parasiten oder anderen Erregern behaftet, die man nicht ohne Tests erkennen kann.
- Resultierend aus dem langem Transport und der Zwischenhälterung leiden sie oft an Austrocknung (Dehydrierung), Unterernährung und erweisen sich unter Umständen als schnell hinfällig.

Der Erwerb von Nachzuchttieren weist dagegen folgende Vorteile auf:

- *Chinemys reevesii* wird seit vielen Jahrzehnten regelmäßig in Menschenhand vermehrt und muss daher nicht aus der Natur entnommen werden.
- In Gefangenschaft geschlüpfte und aufgezogene Schildkröten sind gewöhnlich frei von Parasiten und in guter gesundheitlicher Verfassung.
- Nachzuchttiere sind bei der Abgabe in aller Regel futterfest und benötigen nur eine kürzere Eingewöhnungszeit, da sie bereits an die Haltung im Terrarium gewöhnt sind.
- Werden Nachzuchten von einem Züchter erworben, so kann man von ihm noch zusätzliche Tipps zur Haltung und Vermehrung erhalten, außerdem ist das Alter der Tiere genau bekannt.

um so einem unnötigen Wärmeverlust vorzubeugen. Die günstigsten Temperaturen für einen Transport liegen bei 20–25 °C. Zur besseren Kontrolle kann ein Thermometer in die Box gelegt werden, um so gelegentlich die Temperatur überprüfen zu können. Diese bleibt im Inneren durch die isolierende Wirkung des Styropors über einen längeren Zeitraum relativ konstant. Man sollte keine Luftlöcher in die Styroporbox stechen, da sich dann deren isolierende Wirkung verringert. Daher ist es wichtig, ausreichend große Boxen zu verwenden bzw. bei längerem Transport gelegentlich den Deckel

WICHTIG!

Alle neu erworbenen Tiere sollten erst eine Quarantäne durchleben, denn es kann nicht ausgeschlossen werden, dass sie nicht frei von Krankheiten oder Parasiten sind. Bei frisch erworbenen Wildfängen/Farmzuchten weiß in aller Regel niemand, wie lange und unter welchen Umständen sie zwischengehältert worden sind.

Kurzum: Um vor unangenehmen Überraschungen verschont zu bleiben, ist eine Quarantäne stets angeraten. Während der Quarantäne sind Kotuntersuchungen auf Parasiten und andere Erreger durch einen Tierarzt erforderlich.

zum Lüften hochzuheben. Werden die Schildkröten über mehrere Tage transportiert, muss auch der durch Kot verschmutzte Küchenkrepp erneuert werden. Auf eine Fütterung ist zu verzichten, da die Schildkröten in der Enge einer Dose und ohne Wasser ohnehin kein Futter aufnehmen würden.

Zuhause werden die Tiere in ein vorbereitetes Quarantänebecken gesetzt. Das Quarantäne-Aquaterrarium sollte einfach und übersichtlich eingerichtet sein und über einen nicht zu hohen Wasserstand verfügen. Es reicht vollkommen aus, wenn das Wasser so hoch eingefüllt ist, dass die Schildkröte auf dem Grund liegend mit der Schnauzenspitze die Oberfläche erreichen kann, um Luft zu holen. Als Einrichtungsgegenstände dienen einige größere Blumentopfscherben oder Korkrindenstücke als Versteckplätze sowie eine kleine Wurzel, auf die ein Spotstrahler gerichtet ist, damit eine „Sonneninsel“ vorhanden ist. Unter dem Strahler kann die Temperatur 30–35 °C betragen. Futter wird täglich nur in kleinen Mengen angeboten, um so die Nahrungsaufnahme überprüfen zu können. Das Wasser muss man während der Quarantäne täglich erneuern. Aus diesem Grund ist eine Reinigung mittels eines Filters unnötig. Um sicherzugehen, dass mit den neuen Pfleglingen alles in Ordnung ist, sollte die Quarantänezeit wenigsten vier Wochen betragen. Gibt es Auffälligkeiten im Verhalten oder äußerliche Anzeichen einer Erkrankung, ist ein Veterinär zu konsultieren, der dann eine entsprechende Behandlung einleitet (eine Liste reptilienkundiger Tierärzte kann auf www.dght.de eingesehen werden). Zur Sicherheit sollte auch hier eine Kotuntersuchung durch den Tierarzt oder ein entsprechendes Institut (Adressen siehe „Weitere Informationen“) erfolgen.

Zeigen sich während der Quarantäne keine Auffälligkeiten, dürfen die neu erworbenen Pfleglinge ihr endgültiges Domizil beziehen.

Weibchen von *Chinemys reevesii* im Freilandterrarium, Schwimmpflanzen wie die Muschelblume dienen dem Tier als Deckung
Foto: T. Hofmann

Das Aquaterrarium – Einrichtung und Technik

FÜR die Unterbringung Chinesischer Dreikielschildkröten eignen sich Aquaterrarien in den verschiedensten Größen. Für neu erworbene Jungtiere genügen kleinere Behälter mit einer Grundfläche von 40 x 30 cm. Der Wasserstand sollte maximal 10 cm betragen, damit die kleinen Schildkröten zum Atmen die Wasseroberfläche problemlos erreichen können. Dem Wachstum der Tiere entsprechend, muss ihr Becken „mitwachsen". So sollte für halbwüchsige Tiere eine Grundfläche von 80 x 40 cm mit einem Wasserstand von 20 cm zur Verfügung stehen. Ein zwischen die Glasscheiben geklemmtes Stück Korkeichenrinde, auf das ein 20- bis 40-W-Spotstrahler gerichtet ist, reicht den Schildkröten als Landteil und Sonnenplatz aus. Unter dem Spot sollten Temperaturen von 30–35 °C vorherrschen. Für eine artgerechte Haltung ausgewachsener *C. reevesii* werden Aquaterrarien mit einer Grundfläche von 100 x 50 cm, besser 120 x 50 cm, und einem Wasserstand von 25–30 cm benötigt. In einem solchen Aquaterrarium kann man gut zwei Chinesische Dreikielschildkröten gemeinsam pflegen. Ich selbst nutze für meine adulten Tiere Becken mit den Maßen 120 x 60 cm sowie 140 x 60 cm mit einem Wasserstand von 30–40 cm. Als Bodengrund eignet sich Flusskies mit einer Körnung von 5–15 mm. Dieser darf keine scharfkantigen Bestand-

Wärmelampen bieten den Schildkröten gern genutzte Sonnenplätze auf dem Landteil
Foto: T. Hofmann

Rampen aus Dachziegeln erleichtern den Schildkröten das Erklimmen des Landteils Foto: T. Hofmann

teile enthalten, an denen sich die Schildkröten verletzen könnten. Chinesische Dreikielschildkröten sind keine guten Schwimmer, aber gute Kletterer und benötigen stets Ausstiegshilfen in Form von Wurzeln oder Steinen, um das Wasser leicht verlassen zu können. Werden Steinaufbauten eingebracht, müssen diese fest installiert werden und direkt auf dem Behälterboden aufsitzen. Um ein Verrutschen auszuschließen, können die Steine zusätzlich mit Aquariensilikon verklebt werden.

Unterwasserverstecke werden von den Schildkröten gern und ausgiebig als Ruheplatz genutzt. Ein solcher Versteckplatz kann einfach aus einem Teichpflanzentopf hergestellt werden, aus dem eine Seite herausgeschnitten wird. Dieser

Unterwasserverstecke aus umfunktionierten Teichpflanzentöpfen Foto: T. Hofmann

Einfache Aquaterrarien für die Haltung Chinesischer Dreikielschildkröten
Fotos: T. Hofmann

wird anschließend umgekehrt auf den Aquarienboden gestellt und oben mit einem Stein beschwert oder mit Silikon verklebt. Um das Aquaterrarium optisch aufzuwerten, kann eine handelsübliche Aquarienrückwand verwendet werden. Ein mit Substrat befüllter Landteil ist besonders für die Haltung ausgewachsener *C. reevesii* wichtig, da die Weibchen ein grabfähiges Substrat zur Eiablage benötigen. Als Ablagesubstrate kommen Sand oder ein Sand-Erde-Gemisch in Betracht. Das Substrat muss immer leicht feucht gehalten werden, damit die Weibchen es als Ablageplatz akzeptieren. Um ein Verfrachten von Substrat in den Wasserteil zu verhindern, kann das Substrat außerhalb der Legesaison, z. B. mit einer Schieferplatte, abgedeckt werden. Der Landteil muss für die Schildkröten stets bequem erreichbar sein. Dies lässt sich mithilfe einer zwischen die Scheiben geklemmten Korkplatte oder Korkröhre gut bewerkstelligen. Gute Dienste leisten auch ausgediente, gereinigte Tondachziegel, die als „Ausstiegsrampe“ dienen können.

Über dem Landteil werden leistungsstarke Leuchtkörper installiert, die den Chinesischen Dreikielschildkröten zur „Besonnung“ dienen. Dafür eignen sich verschiedene im Handel erhältliche Leuchtkörper wie Par-, HQL- oder HQI-Strahler in den Stärken 60 bis 100 W. HQI-Strahlern ist hier der Vorzug zu geben, da sie über eine bessere Lichtausbeute und eine bessere Farbwiedergabe verfügen als Par- oder HQL-Strahler. Diese Beleuchtung reicht jedoch nicht

Spritzwassergeschützte Lampenfassung
Foto: T. Hofmann

Leuchtstoffröhren dienen der Grundbeleuchtung, ein Spotstrahler schafft einen Sonnenplatz auf dem Landteil Foto: T. Hofmann

aus, um das gesamte Aquaterrarium auszuleuchten. Hierfür können zusätzlich T8- oder energieeffizientere T5-Leuchtstoffröhren, welche bei weniger Stromverbrauch eine höhere Lichtausbeute aufweisen, in der Lichtfarbe 865 verwendet werden. Ich verwende für meine Schildkröten HQI-Strahler in Verbindung mit T8-Leuchtstoffröhren und habe damit gute Erfahrungen gesammelt. Alle Leuchtkörper sind aus Sicherheitsgründen mit einer spritzwassergeschützten Fassung zu betreiben, um Beschädigungen oder gar Stromunfällen vorzubeugen!

Nach meinen Erfahrungen kann bei der Haltung von Chinesischen Dreikielschildkröten auf eine dauerhafte UV-Bestrahlung weitestgehend verzichtet werden, wenngleich es sicherlich auch nicht schaden kann, Leuchtkörper einzusetzen, die über einen UV-Anteil im Lichtspektrum verfügen. Hier sei besonders die „Ultra-Vitalux" von Osram genannt, die einen hohen Anteil an UV-A-Strahlung abgibt. Aufgrund ihrer hohen Leistung von 300 Watt muss ein Mindestabstand zwischen Lampe und Tier von wenigstens 80 cm eingehalten werden. Sowohl die Erwachsenen als auch die Jungschildkröten werden zwei bis drei Mal in der Woche für einen Zeitraum von maximal zwanzig Minuten mit dieser Lampe bestrahlt.

Je nach Jahreszeit (siehe „Jahresrhythmus") ist die Grundbeleuchtung 8–12 Stunden in Betrieb. Der Wärmestrahler über dem Landteil kann mehrmals täglich für 1–2

Der „Aquaball" ist ein kleiner, sehr effizienter Innenfilter und eignet sich gut für den Einsatz in kleineren Aquarien mit einem niedrigen Wasserstand Foto: T. Hofmann

Stunden zugeschaltet werden, um den Schildkröten die Möglichkeit für Sonnenbäder zu geben. Da die Schildkröten das Wasser im Becken durch Futterreste und Kot stark belasten, ist eine mechanische Reinigung mittels Filter unabdingbar. Hierfür können verschiedene, in der Aquaristik gebräuchliche Filtertypen zum Einsatz kommen. Für kleine bis mittlere Aquaterrarien genügen kleine Innenfilter von geringer Leistung, welche alle 2–3 Tage gereinigt werden müssen. Für große Becken verwendet man entspre-

Ansprechend gestaltetes Schauterrarium für Chinesische Dreikielschildkröten Foto: T. Hofmann

chend größere, leistungsstarke Innenfilter. Um eine gute Wasserqualität zu gewährleisten, ist der Innenfilter täglich zu reinigen. Für große Aquaterrarien ist der Einsatz eines leistungsstarken Außenfilters zu empfehlen. Da dieser außerhalb des Beckens betrieben wird, hat es den Vorteil, dass den Schildkröten kein Platz verloren geht. Ein weiterer Aspekt für den Außenfilter sind größere Reinigungsintervalle von ein Mal wöchentlich bis zweiwöchentlich, was eine geringere Störung der Tiere bedeutet.

Bei einer Wassertemperatur von 20–25 °C und einer Lufttemperatur von 25–30 °C fühlen sich Chinesische Dreikielschildkröten am wohlsten. Für die Erwärmung des Wasserteils eignen sich thermostatgesteuerte Aquarienheizer, wie sie im Zoohandel angeboten werden. Kommt ein Aquarienheizer zum Einsatz, ist er vor dem Zugriff der Schildkröten zu sichern. Hierfür eignen sich z. B. Tonröhren, in die der Heizer gesteckt wird, sodass er nicht von den Schildkröten erreicht werden kann. Auch ist immer darauf zu achten, dass der Aquarienheizer stets bis zu der vom Hersteller geforderten Eintauchtiefe mit Wasser bedeckt ist! Wird das Wasser beheizt, muss darauf geachtet werden, dass die Lufttemperatur nie unter der des Wassers liegt, da es sonst leicht zu Atemwegserkrankungen bei den Schildkröten kommen kann. Während der Nachtstunden sollte die Temperatur im Becken auf Zimmerniveau absinken, um einen Tag-Nacht-Rhythmus zu simulieren.

Um den Arbeitsaufwand für den Pfleger so gering wie möglich zu halten, kann man alle elektrischen Geräte über eine Zeitschaltung steuern.

DER PRAXISTIPP

Auf einem über dem Wasserteil befestigten Ast, der für die Schildkröten nicht erreichbar ist, lassen sich baumbewohnende Aufsitzerpflanzen (Epiphyten) wie z. B. Bromelien, Farne und Orchideen anbringen. Bereits im Gartenmarkt bekommt man viele dafür geeignete, pflegeleichte und preiswerte Pflanzen. Diese werden mit etwas Moos und Nylonschnur oder Streifen aus einer ausgedienten Damen-Feinstrumpfhose auf einem Korkeichen- oder Robinienast aufgebunden. Beim Aufbinden ist auf die natürliche Wuchsrichtung der Pflanze zu achten, denn einige Arten wachsen auch hängend. Wer geografisch korrekt bepflanzen möchte, verwende Pflanzenarten, die der asiatischen Heimat der Schildkröten entsprechen, und verzichtet z. B. auf südamerikanische Bromelien. Es kann sehr reizvoll sein, z. B. in einem Botanischen Garten nach den „richtigen" Pflanzen zu suchen. Den Interessierten seien zudem die Bücher „Pflanzen im Terrarium" (AKERET 2008) und „Bromelien, Orchideen und Farne im Tropenterrarium" (SCHWARZ & SCHWARZ 2001) empfohlen.

Freilandhaltung

In den warmen Sommermonaten Juni bis August kann man *C. reevesii* sogar in einer Freianlage pflegen. Hierfür eignen sich flache Teiche oder größere, umfunktionierte Frühbeetkästen. Beide Versionen sind gut gegen das Entweichen der Schildkröten und das Eindringen von Fressfeinden zu sichern. Oft wird das Klettervermögen der Schildkröten unterschätzt, und die Tiere gelangen in die „Freiheit", wo sie dann leicht zu Tode kommen können. Um das Entweichen der Tiere aus dem flachen Teich zu verhindern, umgibt man ihn mit einer ausbruchsicheren Umfriedung. Diese sollte wenigstens zwei Mal so hoch sein wie die Panzerlänge der größten darin gehaltenen Schildkröte. Zur Umfriedung können verschiedene Materialien wie Beton- oder Holzpalisaden, Siebdruck-

Teilansicht einer Freianlage des Autors für die Haltung verschiedener Wasserschildkröten
Foto: T. Hofmann

platten oder auch zu einer Mauer aufgesetzte Steine genutzt werden. Um es hier noch einmal zu betonen: Wichtig ist, dass die Tiere diese nicht überklettern können! Es ist auch darauf zu achten, dass keine Äste von angrenzenden Gehölzen in die Freianlage hängen und so den Schildkröten eine Möglichkeit für einen Ausbruch bieten.

Ich nutze für die Freilandhaltung sogenannte „Hochteiche". Diese werden so bezeichnet, da sie oberhalb der Erde angelegt und mit einer Umrandung aus Doppelstegplatten, Glas oder Wellplastik versehen sind. Zusätzlich kann man ein Schutzhaus integrieren, z. B. ein im Gartenmarkt erworbenes Frühbeet, welches die Schildkröten vom Wasser her durch Unterschwimmen einer Seitenwand erreichen. Im Inneren kann sich ein Landteil oder eine Wurzel befinden, damit die Tiere dort die Möglichkeit haben, das Wasser zu verlassen. Ein solches Schutzhaus dient als Unterschlupf bei Schlechtwetter und heizt sich auch bei wenig Sonneneinstrahlung ausreichend auf, damit die Dreikielschildkröten ihre Vorzugstemperatur erreichen. Für längere Schlechtwetterperioden kann man eine zusätzliche Wärmequelle,

Anlage des Autors für die sommerliche Freilandhaltung Chinesischer Dreikielschildkröten
Foto: T. Hofmann

Einblick in das Schutzhaus, welches durch Unterschwimmen einer Seitenwand erreicht werden kann Foto: T. Hofmann

Aus dem Wasser ragende Wurzeln und Steinplatten dienen den Schildkröten in der Freianlage als Sonnenplatz Foto: T. Hofmann

In größeren Teichen können auch Seerosen zum Einsatz kommen Foto: T. Hofmann

z. B. eine Heizlampe, einbauen und bei Bedarf zuschalten. An heißen Sommertagen darf es im Inneren des Schutzhauses nicht zu einer Überhitzung kommen. Deshalb wird der Deckel des Hauses wenigstens zur Hälfte geöffnet, um einen guten Luftaustausch zu ermöglichen.

Da Chinesische Dreikielschildkröten flache Wasserstände bevorzugen, sollten Teiche und Frühbeetanlagen nur einen Wasserstand von maximal 30–35 cm aufweisen. Ein aus Sand bestehender, sonnenexponierter Landteil ist bei der

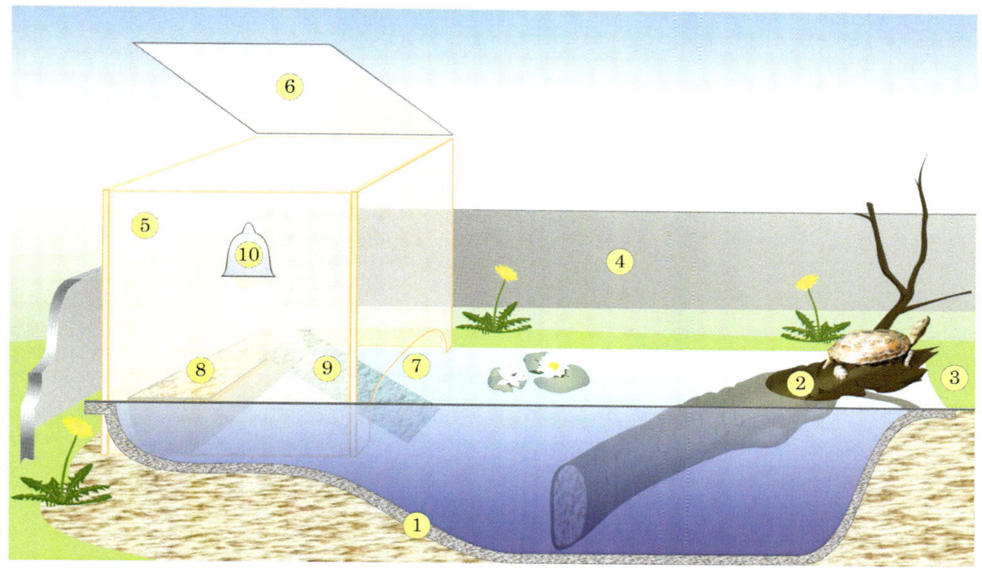

Grafische Darstellung einer Freianlage für Chinesische Dreikielschildkröten. (1) Fundament mit Teichfolie, (2) Baumstamm als Ausstiegshilfe, (3) Sonnenplatz auf dem Landteil, (4) Umfriedung, (5) Schutzhaus, (6) Schutzhausdeckel für leichten Zugriff, (7) Eingang, vom Wasser aus zu erreichen, (8) Innenliegender Eiablageplatz auf dem Landteil, (9) Rampe zum Landteil, (10) Für Schlechtwetterlagen kann eine zusätzliche Wärmelampe eingebaut werden. Grafik: M. Kreuzer

Planung zu berücksichtigen, um den Schildkröten regelmäßige Sonnenbäder zu ermöglichen. Zudem dient er den Weibchen zur Eiablage und sollte daher immer einen gewissen Grad an Feuchtigkeit aufweisen. Auch aus dem Wasser ragende Baumstämme können von den Tieren als Sonnenplätze genutzt werden. Gleichzeitig dienen sie als zusätzliche Unterwasserverstecke. Eine naturnahe Bepflanzung mit verschiedenen Sumpf- und Schwimmpflanzen bietet sich in einer Freilandanlage an. Hierfür eignen sich verschiedene Schilfarten sowie Froschlöffel, Krebsschere, Wasserschwertlilie, Wasserschachtelhalm oder auch kleinwüchsige Seerosen. Als Schwimmpflanzen können Muschelblume,

DER PRAXISTIPP

Auch auf einem sonnenexponierten Balkon kann mit geringem Aufwand eine kleine Freianlage angelegt werden. Für eine solche Balkonanlage eignen sich z. B. kleine Plastikteiche, wie sie in Gartencentern angeboten werden. Die Teiche werden einfach in einen Rahmen aus Holz fixiert und anschließend wie andere Freianlagen eingerichtet sowie gegen ein Entweichen der Schildkröten gesichert.

Auch bepflanzte Uferbereiche bieten den Schildkröten zusätzlichen Schutz zwischen den Wurzeln, die sich bis in das Wasser erstrecken Foto: T. Hofmann

Wasserhyazinthe, Wasserlinsen u. a. eingebracht werden. Alle eingebrachten Pflanzen müssen unbedenklich (nicht giftig!) sein, dürfen also die Schildkröten nicht gefährden, wenn sie diese fressen.

Vergesellschaftung

UNTER Vergesellschaftung versteht man nicht nur die gemeinsame Haltung verschiedener Arten, sondern auch die Haltung mehrerer Tiere ein und derselben Art, also bereits die Haltung eines Pärchens. Grundsätzlich lassen sich mehrere Weibchen der Chinesischen Dreikielschildkröte gemeinsam halten, ohne dass es zu aggressiven Handlungen untereinander kommt. Jedoch kann die dauerhafte Haltung mit einem männlichen Tier zu Problemen führen, da das Männchen permanent die Weibchen umwirbt und sie damit unter Stress setzt. Ein derartiger Stress wird dadurch angezeigt, dass die Weibchen plötzlich das Wasser meiden und sich ausschließlich auf dem Landteil aufhalten. Dies kann man vor allem nach Ruhephase beobachten, da dann die Männchen von d

Die Bepflanzung dient nicht nur ästhetischen Gesichtspunkten, sondern auch als biologischer Filter und entzieht dem Wasser die durch die Schildkröten verursachten löslichen, also unsichtbaren Verunreinigungen wie Nitrate und Phosphate. Oft reicht die pflanzliche Filterung des Wassers allein nicht aus, und es muss zusätzlich ein mechanischer Filter eingebaut werden, der die Schwebstoffe entfernt. In Gartenmärkten finden sich diverse Modelle für den Einsatz im Gartenteich, die sowohl im als auch außerhalb des Wassers installiert werden. Geeignet sind beide Varianten gleichermaßen, solange sie über eine leistungsstarke Pumpe verfügen. Die Filter sind in regelmäßigen Abständen zu reinigen, um eine optimale Filterleistung zu gewährleisten.

Auch Freianlagen bedürfen einer steten Pflege und regelmäßigen Reinigung Foto: T. Hofmann

reevesii besonders aktiv sind. Deshalb ist eine getrennte Haltung der Geschlechter angeraten. Weibchen der Chinesischen Dreikielschildkröte lassen sich gelegentlich mit weiblichen Schildkröten anderer Arten, die ebenfalls ein ruhiges Temperament haben, vergesellschaften. Ich selbst habe gute Erfahrungen bei der Gemeinschaftshaltung mit amerikanischen Schlammschildkröten wie der Weißmaul-Klappschildkröte (*Kinosternon leucostomum postinguinale*) und der Rotwangen-Klappschildkröte (*Kinosternon cruentatum*) gemacht. Von einer Vergesellschaftung mit schwimmfreudigen und sehr aktiven Vertreten der Höcker- und Schmuckschildkröten (*Chrysemys, Graptemys, Pseudemys, Trachemys* u. a.) rate ich hingegen ab, da sie die ruhigen Chinesischen Dreikiel-

Chinesische Dreikielschildkröten können gut mit klein bleibenden Fischen wie Guppys vergesellschaftet werden Foto: T. Hofmann

schildkröten durch ihre hohe Aktivität unter Stress setzten. Möchte man seinen Tieren möglichst wenig Stress zumuten und steht genügend Platz zur Verfügung, ist die Einzelhaltung eine gute

Ernährung

CHINESISCHE Dreikielschildkröten stellen keine speziellen Anforderungen an ihre Ernährung. Die Nahrung kann aus dem üblichen Futterspektrum für wasserlebende Schildkröten bestehen. Kleine abgetötete Fische, Wasser- und Gehäuseschnecken, Garnelen, Tauwürmer und Muschelfleisch werden gern und gierig aufgenommen und sollten den Hauptanteil bei der Ernährung von Chinesischen Dreikielschildkröten ausmachen. Der Fachhandel bietet hier für jeden Geldbeutel ein breites Sortiment an Frost- und Lebendfutter.

Alternativ können Schildkrötensticks oder Lundi (Futter für Wassergeflügel), Koi- oder Katzenpellets (auf Fischbasis), Trockenfisch und Bachflohkrebse (*Gammarus*) gereicht werden. Frischfutterga-

Methode. Dies heißt jedoch nicht, dass komplett auf eine Vergesellschaftung verzichtet werden muss! Es besteht die Möglichkeit, unsere Pfleglinge gemeinsam mit klein bleibenden Fischarten wie z. B. Messingbarbe (*Barbus semifasciatus*), Kardinalfisch (*Tanichthys albonubes*) oder Paradiesfisch (*Macropodus opercularis*), aber auch mit lebendgebärenden Arten wie Guppys (*Poecilia reticulata*), Mollys (*Poecilia latipinna*) sowie Platys und Schwertträgern (*Xiphophorus* spp.) zu halten. Die Chinesischen Dreikielschildkröten stellen gesunden, aktiven Fischen nicht nach, aber die Fische verwerten Nahrungsreste der Schildkröten und helfen dadurch, die Wasserqualität zu erhalten.

Die Weißmaul-Klappschildkröte (*Kinosternon leucostomum postinguinale*, oben) und die Rotwangen-Klappschildkröte (*Kinosternon cruentatum*, unten) sind mögliche Kandidaten für eine Vergesellschaftung mit Chinesischen Dreikielschildkröten Foto: T. Hofmann

ben sind dem fettreichen Pelletfutter jedoch stets Vorzuziehen!

Mix aus verschiedenen Sorten Pelletfutter
Foto: T. Hofmann

Weiterhin nehmen die Schildkröten mageres, in Streifen geschnit-

Mäusebabys sind eine willkommene Abwechslung im Speiseplan der Schildkröten
Foto: T. Hofmann

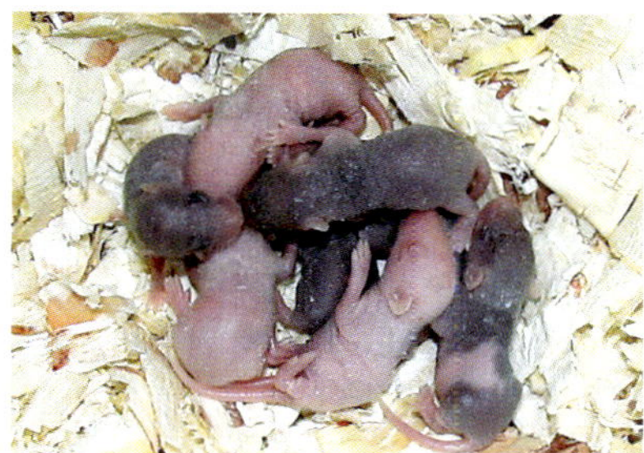

Der Fachhandel bietet verschiedene Fertigfutterpräparate für die gesunde Ernährung von Schildkröten Foto: T. Hofmann

Insektenlarven, hier „Zophobas", werden von Chinesischen Dreikielschildkröten gern gefressen Foto: T. Hofmann

tenes Rinder- und Schweineherz gern an. Insekten wie Zophobas, Mehlkäferlarven („Mehlwürmer") oder Heimchen und Grillen, die direkt auf die Wasseroberfläche gegeben werden, runden den Speiseplan ab. Bei jeder Fütterung ist nur so viel Futter zu reichen, wie von den Schildkröten innerhalb weniger Minuten verspeist wird. Denn nicht gefressenes Futter belastet die Wasserqualität ungemein und erfordert einen häufigen Wasserwechsel! Jungtieren (juvenile) sollte man mehrmals über den Tag verteilt kleinere Portionen reichen, ausgewachsene (adulte) Schildkröten brauchen dagegen nur alle zwei Tage gefüttert zu werden, denn sonst können sie schnell verfetten.

Sepiaschulp (links) wird von trächtigen Weibchen zur Bildung der Eischalen gern gefressen
Foto: T. Hofmann

Lundi (rechts oben): Dieses hochwertige Pelletfutter für Wassergeflügel wird gern an aquatile Schildkröten verfüttert
Foto: T. Hofmann

Mikro-Lundi (rechts unten) eignet sich gut für junge Chinesische Dreikielschildkröten
Foto: T. Hofmann

Eine aktive Aufnahme pflanzlicher Nahrung konnte ich bei den von mir gehaltenen Tieren bisher nicht beobachten. Gelegentlich kommt es vor, dass Schildkröten Teile aus Wasserpflanzen herausbeißen und diese auch fressen. Dies scheint jedoch die Ausnahme zu sein, da sie angebotene pflanzliche Kost wie Löwenzahn oder Obst in der Regel ignorieren. Während der Eiablagezeit kann den Weibchen hin und wieder ein frisch abgetötetes oder aufgetautes Mäusebaby als „Power-Snack“ mit der Pinzette gereicht werden. Besonders wichtig ist dann auch, den Weibchen eine

DER PRAXISTIPP

Schnecken sind ein wertvolles und hochwertiges Futter für Chinesische Dreikielschildkröten. Auf unbelasteten Wiesen und in Gärten kann man unter Brettern, auf Komposthaufen oder nach Regenfällen am Wegesrand z. B. viele Hainschnirkelschnecken sammeln. Diese sind reich an Vitaminen und Mineralstoffen. Der Schneckenpanzer dient zudem als natürliche Kalziumquelle für den Aufbau des Schildkrötenpanzers und der Eischalenbildung. Weinbergschnecken dürfen der Natur nicht entnommen werden, da sie unter Naturschutz stehen! Nacktschnecken sind ungeeignet, sie geben im Wasser viel Schleim ab und werden daher von vielen Schildkröten ungern gefressen. Außerdem fördert die hohe Schleimabgabe dieser Schnecken eine schnelle Wasserverschmutzung, was kürzere Reinigungsintervalle erfordert.

Schnecken sind ein besonders hochwertiges und zudem günstiges Futter für alle Wasserschildkröten Foto: T. Hofmann

Während der Fortpflanzungszeit nehmen die Weibchen gern Mäusebabys als Kraftfutter an
Foto: T. Hofmann

Regelmäßige Pflegearbeiten

NEBEN der regelmäßigen Fütterung der Chinesischen Dreikielschildkröten ist eine Kontrolle der Temperaturen und der Wasserqualität unabdingbar. Die Temperaturen lassen sich einfach über installierte Thermometer (eines im Wasserteil und eines über dem Landteil) ermitteln. Hier kann der Einsatz von Thermostaten hilfreiche Dienste leisten, da sie die Temperatur automatisch steuern.

Der Filter ist in regelmäßigen Abständen zu reinigen. Hierfür wird die Filteranlage ausgeschaltet, das Filtermaterial entnommen und unter fließendem Wasser kräftig ausgespült. Da ein Filter aber meist nur ungelöste Partikel aus dem Wasser herausfiltert, sollte in 14-tägigem Abstand ein Teilwasserwechsel vorgenommen werden. Dabei wird die Hälfte bis zwei Drittel des alten Wassers durch frisches, auf Beckentemperatur vorgewärmtes Wasser ersetzt. Der Grad der Wasserverschmutzung ist abhängig von der Besatzdichte im Becken. Werden viele Tiere gemeinsam in einem kleineren Becken gehalten, ist ein häufiger Wasserwechsel nötig. Werden hingegen nur wenige

Von links nach rechts: Bachflohkrebse (*Gammarus*), Trockengarnelen und Eismeergarnelen. Letzere sind ein begehrtes Frischfutter Fotos: T. Hofmann

Kalziumquelle anzubieten, da die Tiere einen erhöhten Kalkbedarf für die Ausbildung der Eierschalen haben. Hierfür eignet sich Sepiaschulp, den man einfach mit in das Wasserbecken gibt und der bei Bedarf von den Tieren aufgenommen werden kann. Werden die Schildkröten abwechslungsreich ernährt, bedarf es keiner zusätzlichen Supplementierung mit Mineralstoffen und Vitaminen.

Tiere in einem großen Aquaterrarium gehalten, bleibt das Wasser für einen längeren Zeitraum sauber.

Die Tiere sind regelmäßig auf Auffälligkeiten zu untersuchen, um so auf eventuelle Erkrankungen oder Verletzungen frühzeitig reagieren zu können. Wurden Eier im Landteil abgesetzt, müssen diese geborgen und in einen Inkubator überführt werden.

Die eingesetzte Technik muss regelmäßig kontrolliert werden. Leuchtkörper sind bei abfallender Leistung oder Defekten auszutauschen, Gleiches gilt für elektrische Geräte wie Aquarienheizer oder Filteranlagen. Je nach Jahreszeit muss die Beleuchtungsdauer entsprechend verlängert oder verkürzt werden, um einen Jahresrhythmus zu simulieren (siehe „Jahresrhythmus“).

WICHTIG!

Fütterung und notwendige Pflegemaßnahmen müssen auch während der Abwesenheit des Pflegers, im Urlaub oder während einer Krankheit, sichergestellt sein. Daher ist es ratsam, Familienmitglieder oder Freunde mit der Pflege von Chinesischen Dreikielschildkröten vertraut zu machen.

Erkrankungen und ihre Behandlung

MEIST resultieren Erkrankungen bei Terrarientieren aus Pflege- und Ernährungsfehlern. Eine optimale Einhaltung der Haltungsbedingungen, eine abwechslungsreiche Ernährung und Hygiene im künstlichen Lebensraum „Terrarium" sind daher unabdingbar. Bei Beachtung der genannten Faktoren sind Chinesische Dreikielschildkröten wenig krankheitsanfällige Pfleglinge. Meist finden sich Erkrankungen bei Wildfängen, die auf engstem Raum unter ungünstigen Bedingungen zwischengehältert und transportiert wurden. Viele dieser Tiere leiden an Austrocknung (Dehydrierung), Unterernährung und Innenparasiten (Endoparasiten) sowie gelegentlich an Außenparasiten (Ektoparasiten). Außenparasiten, z. B. Milben, können optisch einfach nachgewiesen werden, während zum Nachweis von Innenparasiten eine Kotprobe durch einen Tierarzt untersucht werden muss.

In der Terraristik treten meist hausgemachte Probleme wie z. B. Mangelerscheinungen infolge falscher Ernährung oder Erkältungskrankheiten auf. Nur wenige Erkrankungen können vom Pfleger selbst erfolgreich behandelt werden. Eine Konsultation bei einem reptilienkundigen Tierarzt sollte sicherheitshalber in jedem Verdachtsfall erfolgen. Bereits vorher ist die betroffene Schildkröte in einem Quarantänebecken zu isolieren, um so eine Behandlung und den Heilungsprozess besser überschauen zu können.

Die häufigsten Erkrankungen bei der Haltung Chinesischer Dreikielschildkröten sollen nachfolgend kurz vorgestellt werden.

DER PRAXISTIPP

Ich rate jedem, sich schon vor dem Erwerb von Dreikielschildkröten nach einem versierten Veterinär in seiner Umgebung umzusehen. Versiert meint hier: kundig im Umgang und der Behandlung von Reptilien! Denn sollten Ihre Schildkröten erkranken, nutzt der schnelle Besuch beim nächsten Tierarzt nicht viel, wenn dieser nur „Hund, Katze, Hamster & Co." behandelt und keine Erfahrungen mit Reptilien hat.

Bei der Deutschen Gesellschaft für Herpetologie und Terrarienkunde (siehe „Weitere Informationen") können Sie eine Liste mit Tierärzten erhalten, die mit der Behandlung von reptilienspezifischen Krankheitsbildern erfahren sind. Diese Liste ist auch im Internet auf der Homepage www.dght.de einsehbar.

Panzererweichung

Sie entsteht durch Kalziummangel und äußert sich durch einen weichen Rücken- und Bauchpanzer

Gesunde Chinesische Dreikielschildkröten sind aufmerksame Tiere Foto: S. Nickl

Besonders leicht ist das am hinteren Panzerrand zu diagnostizieren. Drückt man mit den Fingern etwas auf die hinteren Panzerschilde, lassen sich diese leicht verformen. Zur Behandlung wird den Schildkröten eine erhöhte Dosis Kalzium in Verbindung mit Vitamin D_3 zugeführt. Zusätzlich ist eine tägliche, etwa 20-minütige Bestrahlung mit einer „Osram-Ultra-Vitalux"-Lampe der Heilung förderlich. Da diese Lampe eine hochdosierte UV-Strahlung abgibt, muss ein Abstand von mindestens 80 cm zum behandelnden Tier eingehalten werden!

Panzererweichung ist jedoch nicht zu verwechseln mit dem noch weichen Panzer von Jungtieren, der bei diesen erst in den folgenden Lebenswochen nach und nach aushärtet.

Gewebezerstörung am Panzer (Panzernekrosen)

Hierbei handelt es sich um durch Bakterien verursachte Schädigungen am Schildkrötenpanzer. Dabei bilden sich unter den Hornplatten Bakterienherde, die beginnen, den Panzer zu zerstören. Diese Nekrosen fressen sich förmlich immer tiefer in das Gewebe hinein und können bei großen Gewebezerstörungen oder Infektionen bis zum Tode des betroffenen Tieres führen. Da hier meist nur Antibiotika

Man sollte die Schildkröten regelmäßig auf Veränderungen am Panzer hin untersuchen
Foto: S. Nickl

helfen und der Krankheitsherd chirurgisch entfernt werden muss, ist die Behandlung von einem erfahrenen Tierarzt durchzuführen! Leider lassen sich Nekrosen nur schwer frühzeitig erkennen. Daher ist es wichtig, seine Chinesischen Dreikielschildkröten regelmäßig auf Veränderungen am Panzer hin zu untersuchen. Hierbei ist darauf zu achten, ob sich unter Panzerschilden helle Flecken bilden, welche eine weiche Konsistenz aufweisen.

Legenot

Unter Legenot versteht man das Unvermögen des Weibchens, sein Gelege abzusetzen. Die Gründe hierfür können vielfältig sein. So können geeignete Ablagemöglichkeiten fehlen, oder die Temperaturen für eine Ablage sind ungünstig. Vielleicht weist der angebotene Landteil ungünstige Temperaturen, Feuchteverhältnisse oder zu hartes, nicht grabfähiges Substrat auf. Auch kann das ablagebereite Weibchen durch andere, mit ihm im Becken gehaltene Tiere gestresst sein. Anzeichen einer Legenot kann das unruhige Verhalten des Weibchens sein, wobei es im gesamten Aquaterrarium mach möglichen Ablagestellen für das Gelege sucht, ohne dass es jedoch zur Ablage kommt. Da anfangs jedes trächtige Weibchen nach einem

geeigneten Ablageort sucht, muss man seine Tiere also genau beobachten. Im fortgeschrittenen Stadium der Legenot wirkt das Weibchen lethargisch und zieht sich zumeist in eine Ecke des Landteiles zurück. Sollte dies der Fall sein, ist eine Vorstellung beim Tierarzt unabdingbar.
Wird bei einem Weibchen Legenot festgestellt, sind die gesamten Haltungsparameter zu überprüfen und gegebenenfalls zu optimieren. In besonders schweren Fällen kann der Tierarzt durch die Gabe von Medikamenten (Oxytocin) eine künstlich hervorgerufene Eiablage auslösen.

Parasiten

Endoparasiten wie Oxyuren, Spul-, Lungen-, Band- und Saugwürmer, Salmonellen und Kokzidien können nur über eine Kotprobe nachgewiesen werden. Diese muss in Absprache mit einem Tierarzt erfolgen, der dann auch etwaige Behandlungen einleiten wird. Ein Befall mit Endoparasiten lässt sich nicht immer leicht feststellen. Anzeichen für einen Befall sind Lethargie, Nahrungsverweigerung oder Gewichtsverlust. Da Wasserschildkröten in der Regel keinen festen Kot wie Landschildkröten absetzen und sich dieser zudem im Wasser rasch zersetzt, muss man daher die Schildkröte für einen Tag trocken auf einer Lage Küchenpapier halten, um an eine Kotprobe zu gelangen.

Verletzungen

Diese können z. B. die Folge innerartlicher Auseinandersetzungen sein. Schildkröten sind nicht immer so friedlich und können sich gegenseitig Bissverletzungen zufügen, vor allem, wenn zu viele Tiere in einem Aquaterrarium gepflegt werden. Ist eine Verletzung nur oberflächlich, lässt sie sich mit einer antiseptischen Salbe (z. B. Zinksalbe oder Rivanol®) behandeln und heilt recht schnell ab. Ist eine Bissverletzung großflächig oder tief, sollte besser ein Tierarzt konsultiert werden. Auch kleinste Verletzungen können sich entzünden und Eiterherde bilden, die nicht immer gleich erkennbar sind. Daher sollte man die Tiere regelmäßig begutachten, um Verletzungen frühzeitig zu erkennen. Zur Unterstützung der Heilung von Verletzungen, Hautkrankheiten und Nekrosen (siehe oben), ist das betroffene Tier auf einigen sauberen Lagen Küchenpapier trocken zu halten, mit täglichen kurzen „Badepausen" von nur wenigen Stunden.

Jahresrhythmus

EINE artgerechte Haltung erfordert unbedingt die Einhaltung des natürlichen Jahresrhythmus! Dies ist insbesondere zu beachten, wenn man seine Chinesischen Dreikielschildkröten zur Nachzucht bewegen möchte. Am einfachsten lässt sich dies bei naturnaher Haltung im Freilandterrarium umsetzen. Aber auch bei Zimmerhaltung ist der jahreszeitliche Wechsel von Sommer- und Wintersaison, d. h. von Aktivitäts- und Ruhephasen, einzuhalten.

Während der Sommerperiode sollten die Temperaturen im Wasser 20–25 °C und an der Luft 25–30 °C betragen, und auf dem Sonnenplatz (Strahler) können Werte von 35 °C und mehr erreicht werden.

***Chinemys reevesii* beim Sonnenbad**
Foto: T. Hofmann

In ihrer Heimat haben Chinesische Dreikielschildkröten eine Hauptaktivitätszeit, die unseren Jahreszeiten weitgehend gleichkommt. Die Tiere sind daher von Februar bis in den Oktober hinein bei voller Beleuchtung und Temperatur aktiv. Ab Oktober werden Beleuchtung und Temperatur stufenweise heruntergefahren, bis eine Wassertemperatur von 15–20 °C und eine Lufttemperatur von maximal 25 °C erreicht sind. Die Beleuchtungszeiten werden von anfangs zwölf Stunden stufenweise bis auf acht Stunden reduziert. Die Beleuchtung über dem Landteil wird für die Ruhesaison komplett abgeschaltet. In dieser Zeit werden die Schildkröten nur wenig Aktivität zeigen und auch nur gelegentlich Nahrung aufnehmen. Während dieser Phase kann auch problemlos eine Futterpause von bis zu sechs Wochen eingelegt werden. Die hier beschriebene Ruhephase stellt eine vereinfachte Winterruhe dar, wie sie in Wohnräumen durchgeführt werden kann.

Es gibt aber auch die Möglichkeit, eine drastischere Ruhephase durchzuführen (Hofmann 2007). Hierbei werden die Tiere wie oben

Nach Beendigung der Winterruhe graben sich die Schildkröten selbstständig aus dem Substrat aus Foto: T. Hofmann

beschrieben behandelt, nur dass alle Werte bis auf ein Minimum (s. u.) heruntergefahren werden und die Beleuchtung komplett abgeschaltet wird. Die Schildkröten werden dann aus dem Aquaterrarium genommen und in eine Kiste mit einem 25 cm hohen, erdfeuchten Substrat (Erde-Torf-Gemisch), gesetzt, wo sie sich zur Überwinterung eingraben. Die Kiste wird mit einem Deckel abgedeckt, der mit ausreichend Luftlöchern versehen ist. So lassen sich Chinesische Dreikielschildkröten bei 5–6 °C gut überwintern. Gelegentlich ist die Feuchtigkeit des Substrats zu überprüfen, um ein Austrocknen zu vermeiden. Mit dieser Methode habe ich in den letzten Jahren die besten Erfahrungen gemacht. Werden die Schildkröten in einer Freianlage gehalten, kann man sie im Herbst so lange darin belassen, bis die Temperaturen auf 10 °C gefallen sind. So beginnen sie eine allmähliche Winterruhe bereits in ihrer Freianlage und werden dann in die oben beschriebene Überwinterungskiste überführt. Die Ruhesaison bzw. Winterruhe kann so bis zu vier Monate betragen. Alternativ ist es auch möglich, die Schildkröten bei einem Wasserstand von ca. 15 cm und den oben genannten Temperaturen von 15–20 °C zu überwintern.

Vermehrung

BEI einer vereinfachten Winterruhe werden ab Januar Beleuchtung und Temperatur über einen Zeitraum von mehreren Wochen wieder stufenweise auf sommerliche Werte gebracht.

> **WUSSTEN SIE SCHON?**
>
> Die Männchen versuchen, sich bereits direkt nach dem Ausgraben in der Überwinterungskiste zu verpaaren. Sie attackieren dabei die Weibchen mit Ramm- und Beißangriffen auf die Vordergliedmaßen, was diese jedoch sehr unter Stress setzt. Daher sollte das Männchen zunächst ein Einzelquartier beziehen.

Wurden die Chinesischen Dreikielschildkröten außerhalb des Aquaterrariums in einer Kiste überwintert, wird diese in einen temperierten Raum gebracht, wo die Tiere dann meist innerhalb von 24 Stunden erwachen und sich an die Oberfläche graben. Werden männliche und weibliche Tiere gemeinsam gehalten, graben sich meist die Männchen zuerst an die Oberfläche. Nach einigen Stunden folgen dann die Weibchen und werden von dem Männchen noch in der Überwinterungskiste umworben.

Zur Paarung reitet das Männchen auf das Weibchen auf ... Foto: T. Hofmann

Sobald sich alle Schildkröten ausgegraben haben, beziehen sie wieder ihr Aquaterrarium. Um die Weibchen nicht durch das permanente Balzen des Männchens zu stressen, wird dieses zunächst in einem separaten Aquaterrarium gehalten.

Nach 2–3 Tagen beginnen die Schildkröten mit der Nahrungsaufnahme. So kurz nach der Winterruhe haben die Chinesischen Dreikielschildkröten großen Appetit. Die Tiere müssen jetzt reichlich und ausgewogen ernährt werden (siehe „Ernährung"), um für die bevorstehende Fortpflanzungssaison Kraft zu sammeln, denn Paarung, Ausbildung der Eier und deren Ablage sind wahre „Kraftleistungen" für die Tiere.

Eine Woche nach Beendigung der Winterruhe kann das Männchen zu den Weibchen gesetzt werden. Das Männchen wird üblicherweise sofort mit der Balz beginnen. Es umschwimmt das Weibchen und baut sich hochbeinig mit eingezogenem Kopf vor seiner Auserwählten auf. Dann beginnt es mit Ramm- und Beißangriffen auf den Kopf des weiblichen Tieres, um es zum Einziehen des Kopfes zu bewegen. Hat das Weibchen diesen eingezogen, schwimmt das Männchen schnell

Bauchansicht einer weiblichen Chinesischen Dreikielschildkröte, der Schwanz ist sichtbar kürzer als der des Männchens
Foto: T. Hofmann

Bauchansicht einer männlichen Chinesischen Dreikielschildkröte
Foto: T. Hofmann

... verankert sich dann mit seinem Penis in der Kloake des Weibchens, verliert dabei jedoch oftmals den Halt ... Foto: T. Hofmann

an dessen Hinterteil und versucht aufzureiten, um sich zu paaren. Hat das Männchen die Kopulation vollzogen, lässt es sich nach hinten fallen und hängt nun mit seinem beträchtlich großen Penis in seiner Partnerin fest. Die Paarung dauert bis zu zwanzig Minuten, wobei das Weibchen das kopulierende Männchen durch das Terrarium schleppt und es irgendwann mit einer ruckartigen Bewegung abschüttelt. Nach erfolgter Paarung werden die Tiere wieder getrennt gehalten, um das Weibchen vor den ständigen Nachstel-

Eiablage und Inkubation

WAR die Paarung erfolgreich, legen die Weibchen von *C. reevesii* nach 3–4 Wochen ihr erstes Gelege in den mit Substrat gefüllten Landteil ab. Eine bevorstehende Eiablage kündigt sich durch Probegrabungen auf dem Landteil an. Hierbei prüft das Weibchen mögliche Ablageorte auf geeignete Feuchtigkeit und Temperatur. Bei meinen Tieren fand die Eiablage stets am späteren Abend, nach dem Erlöschen der Beleuchtung statt. Zur Eiablage suchen die Weibchen bevorzugt die Stelle auf, die von dem darüber installierten Leuchtkörper auf ca. 25 °C erwärmt wurde. Das Weibchen beginnt, mit den Hinterbeinen eine 10–15 cm tiefe Grube auszuheben und legt dabei gelegentliche Ruhepausen ein. Nach dem Ausheben der Ablagegrube beginnt es, die Eier in kurzen Abständen von

... und wird, am Weibchen hängend, von diesem durch das Aquarium gezogen, bis es sich von seiner Partnerin löst Foto: T. Hofmann

lungen des Männchens zu bewahren und so unnötigen Stress zu vermeiden. Auf der Flucht vor dem Männchen verlassen die Weibchen manchmal sogar das Wasser und halten sich längere Zeit an Land auf. Werden mehrere Weibchen gehalten, kann man diese am besten einzeln und kontrolliert verpaaren. Ob eine Paarung erfolgreich war, zeigt sich am Verhalten des Weibchens: Es wird das Männchen bei dessen weiteren Balzversuchen durch Bisse, zumeist in den vorderen Panzerrand, abweisen.

etwa 30 Sekunden auszupressen. Dabei wird jedes Ei mithilfe der Hinterbeine in der Grube positioniert. Viele Schildkrötenarten fangen die gerade ausgepressten Eier mit ihren Hinterbeinen auf, um sie anschließend vorsichtig in die Grube gleiten zu lassen. Dieses Verhalten konnte ich jedoch bei Chinesischen Dreikielschildkröten noch nie beobachten. Vor jedem Auspressen eines Eies kann man

Das Weibchen hebt mit seinen Hinterfüßen eine Ablagegrube aus Foto: T. Hofmann

Die Eier werden anschließend einzeln in der Grube abgelegt Foto: T. Hofmann

starke Muskelkontraktionen (Wehen) wahrnehmen, und das Weibchen beginnt, mit den Füßen zu treteln, bevor es das Ei aus der Kloake presst. Der gesamte Legevorgang dauert zumeist 30, seltener bis 45 Minuten. Sind alle Eier abgelegt, verschließt das Weibchen die Grube. Hierzu scharrt es Substrat in die Grube und verdichtet die einzelnen Schichten mit den Hinterbeinen. Dies wird solange wiederholt, bis die Grube komplett verschlossen ist. Abschließend wird die Oberfläche mit den Hinterbeinen glattgestrichen. Ist alles vollendet, kehrt das Weibchen in das Wasserbecken zurück. Während des gesamten Vorgangs, also dem Ausheben der

Das Weibchen verschließt die Grube nach der Ablage und ebnet das Substrat solange ein, bis der Ablageort nicht mehr zu erkennen ist
Foto: T. Hofmann

Auf dem Landteil vergrabenes Gelege der Chinesischen Dreikielschildkröte
Foto: T. Hofmann

Grube, der Eiablage und dem Verschließen der Eigrube, steht das Weibchen wie unter Trance und nimmt äußere Einflüsse, z. B. das Beobachten mittels einer Taschenlampe seitens des Pflegers, nicht als Störung wahr.

Die Anzahl der abgelegten Eier ist abhängig von der Körpergröße und dem Alter des Weibchens. Dies muss jedoch nicht zwangsläufig bedeuten, dass große, alte Schildkröten immer viele Eier pro Gelege absetzen. Es kann auch vorkommen, dass die größten und kräftigsten Weibchen der Chinesischen Dreikielschildkröte verhältnismäßig wenig Eier legen, die dann aber deutlich größer sind als bei Weibchen, deren Gelege aus einer höheren Anzahl an Eiern bestehen.

Ein Gelege kann 3–10 Eier enthalten, die jeweils 31–42 mm lang und 15–18 mm breit sind. Jedes Weibchen kann in einer Saison, von März bis August, bis zu sechs Gelege produzieren. Meist werden sie in Abständen von 15–21 Tagen abgesetzt. Gelegentlich kann der Zeitabstand zwischen zwei Gelegen auch kürzer sein. So konnte ich bei einem meiner Weibchen zwei Eiablagen innerhalb von nur zehn Tagen beobachten. Es können aber auch längere Zeitabstände von bis zu sechs Wochen zwischen zwei Eiablagen liegen.

Weibchen bei der Eiablage im Freilandterrarium Foto: T. Hofmann

Die hartschaligen Eier sollten zur besseren Kontrolle vorsichtig ausgegraben und in einem Inkubator gezeitigt werden. Der Fachhandel bietet verschiedene Modelle wie

WUSSTEN SIE SCHON?

Werden die Eier nur wenige Stunden nach der Ablage geborgen, kann ihre Position noch beliebig verändert werden. Lag aber zwischen Ablage und Auffinden der Eier schon mehr als ein Tag, sollte man die Eier nicht mehr in der Längsachse drehen. Bei Reptilieneiern sinkt nach der Ablage der Eidotter nach unten, und die Keimscheibe, aus der sich der Embryo entwickelt, steigt nach oben und wächst an der Eimembran fest. Dies ist daran zu erkennen dass sich auf der Schale ein weißer Fleck gebildet hat. Würde man jetzt noch das Ei drehen, drückt der Dottersack auf den sich entwickelnden Embryo und kann Missbildungen oder gar dessen Absterben bewirken.

Zwei Gelege unterschiedlich großer Weibchen (man beachte den Größenunterschied) Foto: T. Hofmann

Inkubator zur Zeitigung verschiedenster Reptilieneier Foto: T. Hofmann

z. B. die „Kunstglucke" der Firma Jäger an. Ich selbst nutze seit vielen Jahren einen für die Inkubation von Reptilieneiern umgebauten Kühlschrank mit verschiedenen Temperaturbereichen (Hofmann

Unbeschalt abgesetztes, unbefruchtetes Ei (oben) und befruchtetes Ei (unten) im Größenvergleich Foto: T. Hofmann

2006). Beim Ausgraben der Eier ist höchste Vorsicht geboten, um sie nicht zu beschädigen. Mit einem weichen Bleistift wird die Oberseite jedes Eies mit einem Kreuz oder dem Legedatum markiert, um zu gewährleisten, dass sie im Inkubator in der gleichen Position zu liegen kommen. Auch ist so das Ablagedatum jederzeit ersichtlich. Gelegentlich kann es vorkommen, dass die Eier in den Wasserteil abgelegt werden. Solange sie nicht durch die Schildkröten beschädigt wurden, kann man versuchen, sie zu inkubieren. Lagen die Eier noch nicht zu lange im Wasser, besteht eine gute Chance auf eine normale Entwicklung. Einen Versuch ist es allemal wert. Nach einem solchen

Vorfall sollte man unbedingt die Haltungsbedingungen prüfen, um zu ermitteln, warum die Ablage im Wasser erfolgte. Ursachen können beispielsweise ein zu trockenes oder zu feuchtes Substrat oder auch eine zu niedrige Temperatur am Eiablageplatz sein.

Für die Inkubation werden die Eier in eine Dose (z. B. Heimchendose) mit einem geeigneten Substrat gebettet. Hierfür sind verschiedene Substrate wie Vermiculit, Perlit oder Seramis geeignet, die mit etwas Aktivkohle gemischt werden können, um ein mögliches Verpilzen zu vermeiden. Das Inkubationssubstrat wird mit Wasser in einem Verhältnis von etwa 2 : 1 vermischt. Es darf nicht nass, muss aber fühlbar feucht sein. Zur besseren Kontrolle der Eier werden diese nur zu zwei Dritteln in das Substrat eingebettet. Zum Schluss können die Eier, um sie vor eventuellem Tropfwasser vom Deckel der Inkubationsbox zu schützen, noch mit einer Lage Moos abgedeckt werden. Direkt nach der Eiablage erscheinen die Eier noch gelblich weiß. Befruchtete Eier beginnen ab dem ersten oder spätesten zweiten Inkubationstag, die sogenannte „Ei-Binde" auszubilden. Anfangs nur als kleiner weißer Fleck auf der Oberseite sichtbar, vergrößert sie sich innerhalb der nächsten sechs Tage, bis sie das gesamte Ei umläuft. Mit fortschreitender Entwicklung färbt sich das gesamte Ei weiß.

Eier am ersten Tag nach der Ablage; die entstehenden „Bauchbinden" zeigen an, dass die Eier befruchtet sind Foto: T. Hofmann

Nach dem vierten Inkubationstag sind die „Bauchbinden" schon deutlicher zu erkennen ... Foto: T. Hofmann

... und umschließen die Eier ab dem sechsten Tag vollständig Foto: T. Hofmann

Die von innen nach außen gedrückte Kalkschale kündigt den bevorstehenden Schlupf an Foto: T. Hofmann

Die Eier der Chinesischen Dreikielschildkröte werden bei Temperaturen von 25–31 °C erbrütet. Um eine naturnahe Inkubation mit Tag-/Nachtschwankungen zu simulieren, erfolgt eine nächtliche Absenkung der Temperatur von ca. 5 °C. Abhängig von der Zeitigungstemperatur schlüpfen die jungen Chinesischen Dreikielschildkröten nach 60–85 Tagen. Je niedriger die Temperatur, desto länger benötigen die Schildkrötenembryos bis zur Schlupfreife. Der bevorstehende Schlupf kündigt sich durch eine kleine, nach außen stehende Bruchstelle an, die seitlich am Ei-Pol liegt. Kurze Zeit später erfolgt ein zweiter Durchbruch an der gegenüberliegenden Seite. Die Schlüpflinge durchstoßen mithilfe der Eischwiele die angebrochenen Stellen mit ihren Vorderfüßen und erweitern die so entstandenen Löcher in Richtung Polmitte. Ist das Ei weit genug geöffnet, verlassen sie es. Kurze Zeit nach dem Schlupf verlieren die Jungtiere die Eischwiele. Der gesamte Schlupfvorgang kann bis zu 24 Stunden andauern. Leider kommt es

Mit den Vorderbeinen öffnet die kleine Schildkröte den Eipol Foto: T. Hofmann

immer wieder vor, dass Schlüpflinge versuchen, sich mit einem Bein und dem Kopf durch einen der noch zu kleinen seitlichen Durchbrüche zu zwängen. Wird ein so eingeengtes Tier nicht aus seiner misslichen Lage befreit, kann es an Erschöpfung sterben. Hier sollte man dann vorsichtig die Öffnung mittels einer Pinzette in Richtung Polmitte erweitern, um der kleinen Schildkröte den Schlupf zu ermöglichen.

Schlupf einer *Chinemys reevesii*
Foto: T. Hofmann

Chinesische Dreikielschildkröten haben nach dem Schlupf durchschnittlich eine Länge von 32 mm und eine Breite von 24 mm und bringen gerade einmal 7 g auf die Waage.

Wie auf Kommando schlüpfen nun auch alle anderen Jungtiere des Geleges Foto: T. Hofmann

In der Regel resorbieren die Jungtiere den mit ihnen verbundenen Dottersack noch im Ei, bevor sie schlüpfen. Gelegentlich schlüpfen jedoch Jungtiere, die noch einen etwa linsengroßen Restdottersack haben.

Frisch geschlüpfte Chinesische Dreikielschildkröte Foto: T. Hofmann

Solche Tiere setzt man auf eine keimarme Unterlage aus feuchtem Küchenkrepp und belässt sie im Inkubator, bis der Dottersack resorbiert ist.

Frisch geschlüpftes Jungtier Foto: T. Hofmann

Im Normalfall schlüpft aus einem Ei nur eine Babyschildkröte. Jedoch kann es gelegentlich vorkommen, dass sich in einem Ei Zwillinge entwickeln (Hofmann 2007). Ich hatte im Jahr 2003 das seltene Glück, den Schlupf von Zwillingen zu beobachten. Das Ei mit den Zwillingen unterschied sich nicht von

Gut zu erkennen ist die Eischwiele, mit der die Schildkröte die Eischale öffnet Foto: T. Hofmann

Terrarianerfreuden: gesunde Nachzuchten der Chinesischen Dreikielschildkröte
Foto: T. Hofmann

den Eiern, die nur ein Jungtier enthielten. Nachdem die Eischale von einem Jungtier komplett durchbrochen worden war, ging der Schlupf nicht wie gewohnt weiter, und so wurde von mir „Schlupfhilfe“ geleistet. Hierbei entdeckte ich ein zweites, kleineres Jungtier, das hinter dem anderen lag. Beide Schildkröten teilten sich einen Dottersack und hingen mit dem Nabel zusammen, was einen erfolgreichen Schlupfvorgang unmöglich machte. Die kleinen Schildkröten wurden von der Eischale befreit und in einer Dose mit feuchtem Küchenkrepp im Inkubator belassen. Die Tiere zehrten den Dottersack auf und trennten sich nach zwei Tagen selbstständig voneinander. Trotz ihrer im Vergleich zu anderen Jungtieren geringen Größe entwickelten sich die Zwillinge normal und nahmen schnell an Größe und Gewicht zu und konnten später als gesunde Jungtiere abgegeben werden.

WUSSTEN SIE SCHON?

Bei vieler Schildkröten unterliegt die Ausprägung des Geschlechts einer bestimmten Bruttemperatur. Bei niedrigen Werten um 25 °C schlüpfen nur männliche, bei hohen Temperaturen um 30 °C nur weibliche Nachkommen. Bei der Zeitigung um 28 °C können bei Chinesischen Dreikielschildkröten Jungtiere beiderlei Geschlechts entstehen (eigene Beobachtungen). Man kann also durch die Inkubationstemperatur das Geschlecht der Jungtiere wirkungsvoll beeinflussen!

Aufzucht

JUNGtiere, die keine Reste vom Dottersack mehr aufweisen, werden aus dem Inkubator genommen und beziehen für die ersten Lebenstage eine flache Plastikschale. Diese erste Unterbringung dient der Kontrolle, ob sich die kleinen Chinesischen Dreikielschildkröten arttypisch verhalten und ob sie nach einigen Tagen erste Nahrung aufnehmen. Der Wasserstand in der Schale braucht nur 3–4 cm betragen. Als Einrichtung genügen einige Tonblumentopfscherben oder Korkrindenstücke, die den kleinen Schildkröten als Versteck und auch als Inseln dienen. Die erste Fütterung erfolgt frühestens nach drei Tagen, solange zehren die Jungtiere noch von ihrem Dottervorrat. Als Erstfutter werden kleine Fischbröckchen, fein geschnittenes oder geschabtes Rinder- oder Schwei-

Tonscherben bilden Versteckplätze und einen kleinen Landteil Foto: T. Hofmann

Plastikschalen dienen als Unterkunft für die ersten Lebenstage Fotos: T. Hofmann

neherzfleisch, kleine Schnecken, Mückenlarven, Mikro-Lundi oder anderes Pelletfutter gereicht. Die Fütterung der Jungtiere kann mehrmals über den Tag verteilt erfolgen. Bei jeder Fütterung werden nur kleine Futtermengen angeboten, welche innerhalb kürzester Zeit von den Schildkröten aufgenommen werden. Fressen die Jungtiere regelmäßig und zeigen sie keine Auffälligkeiten, dürfen sie

für ihre weitere Aufzucht ein kleines Aquaterrarium beziehen. In diesem Becken kann der Wasserstand allmählich auf ca. 10 cm erhöht werden. Weiterhin sollten

darin auch einige Wurzeln und ein kleiner Landteil, z. B. ein Stück Korkrinde, vorhanden sein. Über dem Landteil wird ein 20-W-Spotstrahler installiert, der den Schildkröten eine Wärmequelle und einen Sonnenplatz bietet. Für die Grundausleuchtung genügt eine normale Leuchtstoffröhre, die täglich bis zu zwölf Stunden in Betrieb sein sollte. Das Wasser wird über einen kleinen Innenfilter gereinigt. Dieser ist je nach Bestandsdichte regelmäßig zu reinigen. Bei dieser Haltung verdoppelt sich das Gewicht der Jungtiere innerhalb von zwei Monaten. Ab diesem Alter sind sie auch stabil genug, um an einen neuen Halter abgegeben werden zu können.

Schwimmpflanzen und Pflanzenteile bieten den kleinen Schildkröten Schutz und erleichtern ihnen das Erreichen der Wasseroberfläche Foto: T. Hofmann

Freianlage zur Aufzucht junger Chinesischer Dreikielschildkröten
Foto: T. Hofmann

Junge Chinesische Dreikielschildkröten lassen sich in den ersten Lebenswochen noch gemeinsam mit anderen jungen Wasserschildkröten aufziehen: hier mit *Trachemys scripta elegans* und *Sternotherus odoratus* Foto: T. Hofmann

Zweijährige Nachzucht der Chinesischen Dreikielschildkröte Foto: T. Hofmann

Aquarien zur Aufzucht junger Chinesischer Dreikielschildkröten Foto: T. Hofmann

Junge Chinesische Dreikielschildkröte mit junger *Trachemys scripta elegans* Foto: T. Hofmann

Aquarium zur Aufzucht junger Chinesischer Dreikielschildkröten Foto: T. Hofmann

Lebensalter

SCHILDkröten sind dafür bekannt, dass sie ein sehr hohes Alter erreichen können. Von vielen Landschildkröten weiß man, dass sie durchaus über 100 Jahre alt werden. Wasser- und Sumpfschildkröten erreichen ein Lebensalter von 20–50 Jahren und mehr. Bei guter Pflege kann man bei der Chinesischen Dreikielschildkröte von einem Lebensalter von mindestens 30 Jahren ausgehen. Das älteste Tier in meinem Bestand ist ein Weibchen, das bei der Niederschrift dieses Büchleins ein nachweisliches Alter von 26 Jahren hat und noch jedes Jahr für Nachkommen sorgt. Ihr ist also noch viel zuzutrauen, und sie wird mich hoffentlich noch viele Jahre erfreuen.

Danksagung

ICH danke Herrn Prof. Fritz Jürgen Obst (Radebeul) für die Durchsicht des Manuskripts und seine Anregungen und Verbesserungsvorschläge. Markus Auer (Dresden) danke ich für zusätzliches Bildmaterial. Michael Kreuzer (Erlbach, Vogtland) danke ich für den „Anstoß“ zu diesem Buch und für seine grafische Zuarbeit. Besonderer Dank gilt meiner Lebensgefährtin Madeleine und meiner Tochter Jaqueline (beide Zittau) für ihre Geduld und ihr großes Verständnis für mein recht zeitraubendes Hobby und für die Pflege der Tiere während meiner Abwesenheit. Weiterhin danke ich Steffen Köhler (Großschönau) und Maik Kaßner (Dittelsdorf) für die Unterstützung bei der Urlaubspflege, ohne die für mich längere Reisen nicht realisierbar wären.

Weitere Informationen

ZUR Vertiefung der in diesem Buch gegebenen Informationen und zum weiteren Einblick in terraristische und herpetologische Themenbereiche empfehlen sich die Mitgliedschaft in einem Verein gleich gesinnter Terrarianer sowie ein intensives Literaturstudium. Die folgenden Auflistungen sollen dabei behilflich sein, einen Einstieg in die Thematik zu finden, können aber natürlich nur einen kleinen Ausschnitt aufzeigen.

Vereine und Interessengruppen

Wer sich langfristig mit Schildkröten beschäftigen möchte, dem sei die Mitgliedschaft in einem Verein nahegelegt. Hier bekommt man nützliche Kontakte zu Gleichgesinnten, erhält die Möglichkeit zum Tiertausch, kann sich auf Veranstaltungen fortbilden und erhält regelmäßig die fachspezifischen Zeitschriften.

In Deutschland ist es vor allem die Deutsche Gesellschaft für Herpetologie und Terrarienkunde e. V., die sich mit Reptilien und Amphibien beschäftigt (www.dght.de). Im Mitgliedsbeitrag sind u. a. mehrere Fachzeitschriften enthalten. Die größte Arbeitsgemeinschaft der DGHT ist die AG Schildkröten (www.ag-schildkroeten.de), die neben regionalen Veranstaltungen die vierteljährlich erscheinenden Schildkrötenzeitschriften RADIATA und MINOR herausbringt.

In der Schweiz ist es die Schildkröten-Interessengemeinschaft Schweiz (www.sigs.ch), die die dortigen Schildkrötenfreunde vereint und die Zeitschrift TESTUDO herausbringt.

Österreich hat aktuell mehrere Organisationen; als Beispiel sei die Internationale Schildkröten Vereinigung (www.isv.cc) erwähnt, welche ihre Mitglieder in der Publikation SACALIA mit Fachbeiträgen informiert.

Natürlich gibt es auch in anderen Nationen Schildkröten-Vereinigungen: So gibt es zum Beispiel in den Niederlanden die Nederlandse Schildpadden Vereniging (www.trionyx.nl). Allen Vereinigungen gemein ist die Tatsache, dass deren Mitglieder nicht nur für die Haltung und Vermehrung von Schildkröten sorgen, sondern sich aktiv für den Arten- und Naturschutz einsetzen. Sie unterstützen Hilfsprojekte, koordinieren Zuchtprogramme und bringen den Menschen die faszinierende Welt der Schildkröten näher!

Schildkröten im Internet

Empfehlenswerte Homepages sind folgende:

- www.dght.de/ag/schildkroeten/akschmuckskr.htm
- www.wasserschildkroeten.eu
- www.zierschildkroete.de

Klimadiagramme kann man auf www.klimadiagramme.de anschauen.

Untersuchungsstellen

Kotproben, Sektionen und andere Untersuchungen können von spezialisierten Tierärzten oder von veterinärmedizinischen Untersuchungsstellen vorgenommen werden, die es in vielen Städten gibt.
Eine Liste mit Tierärzten, die sich mit Reptilien und Amphibien beschäftigen, kann über die DGHT bezogen oder auf www.dght.de eingesehen werden.
Überregional bekannt sind z. B. folgende Einrichtungen:

- exomed (www.exomed.de)
- LABOKLIN (www.laboklin.de)
- Landesbetrieb Hessisches Landeslabor (www.lhl.hessen.de)

Zeitschriften

- REPTILIA
  Terraristik-Fachmagazin
  erscheint sechs Mal jährlich,
  Natur und Tier - Verlag GmbH
  An der Kleimannbrücke 39/41
  48157 Münster
  Tel.: 0251-133390
  E-Mail: verlag@ms-verlag.de

- elaphe
  (nur für Mitglieder der DGHT)

- MARGINATA
  Schildkröten-Fachmagazin
  erscheint vier Mal im Jahr
  Andreas S. Hennig
  Raustraße 12
  04159 Leipzig
  Tel.: 0341-2682492
  E-Mail: hennig@heimtierbuch.de

Weiterführende und verwendete Literatur

Bücher

AKERET, B. (2008): Pflanzen im Terrarium. – Natur und Tier - Verlag, Münster, 400 S.

BMELV (BUNDESMINISTERIUM FÜR ERNÄHRUNG, LANDWIRTSCHAFT UND FORSTEN) (1997): Gutachten über Mindestanforderungen an die Haltung von Reptilien. – Inhaltlich unveränderte Sonderausgabe der Deutschen Gesellschaft für Herpetologie und Terrarienkunde (DGHT), Rheinbach, 78 S.

IVERSON, J.B. (1992): A Revised Checklist with Distribution Maps of the Turtles of the World. – Richmond, Indiana (Privatdruck), 363 S.

ROGNER, M. (1995): Schildkröten 1. – Heiro Verlag Heidi Rogner, Hürtgenwald, 192 S.

SCHILDE, M. (2004): Asiatische Sumpfschildkröten: Die Familie Geoemydidae in Südostasien, China und Japan. – Natur und Tier - Verlag, Münster, 192 S.

SCHWARZ, B. & W. SCHWARZ (2001): Bromelien, Orchideen und Farne im Tropenterrarium. – Natur und Tier - Verlag, Münster, 128 S.

ULBER, T., W. GROSSMANN, J. BEUTELSCHIESS & C. BEUTELSCHIESS (1989): Terraristisch/Herpetologisches Fachwörterbuch. – Terrarien Gemeinschaft Berlin e. V., Berlin, 176 S.

Zeitschriftenartikel

HOFMANN, T. (2006): Basteleien – Ein Kühlschrank wird zum Brutschank! – Der TagGecko 55(3): 12–13.

– (2007): Erfahrungen bei der Haltung und Vermehrung der Chinesischen Dreikielschildkröte *Chinemys reevesii* (GRAY, 1831). – Sauria 29(3): 55–44.

ZHOU, T., C. HUANG, W.P. MC CORD & T. BLANCK (2008): Gewerbliche Zuchten von Sumpfschildkröten und Wasserschildkröten in China. – REPTILIA 25(6): 27–33.

Aufmerksam beobachtet dieses Männchen seine Umgebung, um bei Gefahr sofort ins Wasser zu springen
Foto: T. Hofmann

Bücher für Ihr Hobby

Haltung von Wasserschildkröten

Lebensraum • Pflege • Nachzucht

A.S. Hennig

128 Seiten, 116 Farbfotos
Format 16,8 x 21,8 cm
Softcover

ISBN 978-3-931587-95-6
24,80 €

Schildkröten sind die Sympathieträger Nummer 1 unter den Reptilien.
Besonders Wasserschildkröten beeindrucken mit ihrer Formen- und Farbenvielfalt und verlocken damit zum Kauf. „Schnell gekauft und schlecht gehalten" – um Ihnen und Ihren Pfleglingen diesen Weg zu ersparen, erläutert Ihnen dieser Ratgeber alles, was Sie für die artgerechte Pflege von Wasserschildkröten wissen müssen.

Europäische Sumpfschildkröten sind beliebte Teichbewohner, die seit 150 Jahren in dekorativen Freilandanlagen gehalten werden. Die bei uns vom Aussterben bedrohte Reptilienart ist nicht wegzudenken. Der Autor beschreibt in diesem Buch sämtliche Aspekte der Biologie und artgerechten Haltung – praxisorientiert, verständlich, aktuell.

Europäische Sumpfschildkröten

Lebensweise • Haltung • Nachzucht

B. Wolff

144 Seiten, 206 Farbfotos
Format 16,8 x 21,8 cm
Softcover

ISBN 978-3-86659-289-6
24,80 €

Natur und Tier - Verlag GmbH
An der Kleimannbrücke 39/41 · 48157 Münster
Telefon: 0251 - 13339-0 · Fax: 0251 - 13339-33
E-Mail: verlag@ms-verlag.de

www.ms-verlag.de